C.H. Naveen Reddy
J. Suresh Kumar

Conceção e desenvolvimento de um mecanismo de dobragem de escadas

C.H. Naveen Reddy
J. Suresh Kumar

Conceção e desenvolvimento de um mecanismo de dobragem de escadas

ScienciaScripts

Imprint

Cover image: www.ingimage.com

This book is a translation from the original published under ISBN 978-620-7-80541-9.

Publisher:
Sciencia Scripts
is a trademark of
Dodo Books Indian Ocean Ltd. and OmniScriptum S.R.L publishing group

120 High Road, East Finchley, London, N2 9ED, United Kingdom
Str. Armeneasca 28/1, office 1, Chisinau MD-2012, Republic of Moldova, Europe
Printed at: see last page
ISBN: 978-620-7-98402-2

RESUMO

No presente trabalho, o objetivo é conceber escadas dobráveis retrácteis em que o bloqueio é feito com base nas diferenças dimensionais do projeto, bem como no bloqueio eletromagnético. As escadas dobráveis projectadas podem ser consideradas como um subsistema do sistema de assentos telescópicos. A implementação do bloqueio eletromagnético melhora certamente a intensidade do bloqueio em relação ao mecanismo de bloqueio convencional. A conceção tem suportes que acomodam os outros suportes do degrau anterior, de tal modo que, quando dobrados, ocupam o menor espaço possível. Em termos de bloqueio, os cálculos de potência são efectuados tendo em conta as dimensões. Com base no design, o modelo de impressão 3D é impresso como uma representação do design e das implicações práticas. Estes trabalhos podem ser utilizados em vários cenários da vida quotidiana, como em caso de emergência e também para o conceito de espaços convertíveis onde se realizam grandes reuniões. As escadas dobráveis também encontram aplicação no espaço de transporte onde os idosos e as pessoas com deficiência, juntamente com as mulheres grávidas, enfrentam desafios durante a subida para os transportes públicos, este problema também pode ser resolvido em grande medida utilizando as escadas dobráveis.

Conteúdo

CAPÍTULO 1
INTRODUÇÃO

Um número cada vez maior de pessoas necessita de habitações compactas e que economizem espaço. O preço do espaço nas regiões metropolitanas está a aumentar constantemente à medida que a população mundial cresce. Embora as escadas fixas sejam bastante populares, requerem uma área de instalação considerável e são, por isso, desfavoráveis se o espaço disponível for muito caro. Se não houver um grande orçamento disponível, as escadas fixas também podem ser bastante intrusivas e pouco atractivas.

Outra ferramenta útil para chegar a sítios de difícil acesso é uma escada portátil. Mesmo nos modelos mais caros, estas são, infelizmente, muito funcionais e, consequentemente, pouco apelativas. Para além disso, estas escadas podem ser muito instáveis e não são as coisas mais fáceis de subir. Para os pés que usam sapatos de sola macia ou que andam descalços, os degraus são normalmente arredondados e bastante desconfortáveis. Além disso, como não estão fixas a nada, existe a possibilidade de tropeçarem, caírem ou se deslocarem da área pretendida.

1.1 Classificação das escadas rebatíveis

1.1.1 Com base no tipo de dobragem

1. Escada retrátil fixada à parede

Uma escada retrátil é constituída por duas longarinas laterais que são aproximadamente paralelas entre si e estão ligadas por um certo número de degraus. A primeira longarina lateral tem a capacidade de ser fixada a uma parede de 60 polegadas de altura e a segunda longarina lateral pode ser movimentada em torno da primeira longarina lateral entre uma posição estendida e uma posição retraída, em que os degraus se encontram praticamente na vertical. A escada é composta por vários módulos que podem ser montados em casa. Mais concretamente, cada lado é constituído por uma série de componentes modulares que podem ser combinados para personalizar o comprimento da escada. As secções modulares das longarinas laterais são compostas por um conetor macho dentado e um elemento recetor fêmea. Além disso, cada longarina inclui um módulo de topo e um módulo de pé .

Fig:1.1 Escada retrátil fixada à parede [17]

2. Escadas **rebatíveis**

As estruturas amovíveis são constituídas por unidades, que são compostas por pares de barras ligadas entre si, que podem ser comprimidas e amovíveis. No local de trabalho, a disposição destas estruturas e mesmo a sua mobilidade estão sempre a mudar. Estas estruturas são concebidas para se expandirem em estruturas estáveis, capazes de suportar cargas após a sua implantação e de serem armazenadas numa configuração compacta. São frequentemente utilizadas na indústria aeroespacial, no sector da construção temporária, em abrigos rápidos após catástrofes naturais e noutras situações que exijam poucos danos nos componentes estruturais durante a implantação e a retirada repetidas. Há muita investigação sobre a estática, a cinemática e a dinâmica das estruturas amovíveis. O facto de quaisquer duas barras adjacentes estarem todas articuladas de forma rotativa é uma das caraterísticas mais notáveis destas estruturas destacáveis. As aplicações de engenharia beneficiam muito desta comodidade. Quando totalmente fechada ou totalmente desdobrada, este tipo de estrutura deve ser autoportante e livre de tensões como um critério chave de projeto.

3. Degraus articulados universais para escadas **de sótão rebatíveis**

Um sistema de escadas dobráveis com um ou mais degraus principais está incluído num sistema universal de degraus articulados. No topo de pelo menos um degrau principal, pelo menos um degrau auxiliar é fixado com dobradiças. Pelo menos dois componentes articulados fazem parte do conjunto de escadas dobráveis. Todas as outras peças da escada rebatível estão invertidas na posição de arrumação e as partes articuladas de ligação dobram-se umas contra as outras. O degrau auxiliar de cada secção de escada rebatível está angularmente deslocado em relação ao degrau principal. Quando recolhidos, os degraus auxiliares não impedem os degraus principais de outras secções. O bordo dianteiro inferior dos degraus auxiliares é chanfrado, o que favorece o seu desvio.

Fig:1.2 Escadas rebatíveis para sótão [18]

1.1.2 Com base no tipo de mecanismo

1. Mecanismo **de ligação retrátil**

O mecanismo de elos retrácteis, concebido de acordo com as normas internacionais, é um sistema de elos retrácteis em camadas de qualidade superior e extremamente estável. Para utilização em locais públicos exigentes, incluindo teatros, escolas, universidades, arenas e áreas polivalentes, este sistema é a melhor opção. Um controlador remoto com botão de pressão automatiza as acções de abertura e fecho das plataformas em camadas. Fila a fila, os assentos dobram-se e desdobram-se quando o sistema de assentos retrácteis é aberto. Este procedimento de elevação pode ser automático, semi-automático ou manual. Este sistema oferece uma vida inteira de segurança, fiabilidade e retorno do investimento devido às suas numerosas configurações de assentos, extrema flexibilidade e manutenção mínima.

- É garantida uma visibilidade óptima de todos os ângulos.
- Sistema de bloqueio incluído para máxima segurança.
- Neste sistema, podem ser instalados diferentes bancos Figueres.
- Reação ao fogo: este produto está em conformidade com as normas internacionais.
- Quando fechado ou armazenado, ocupa pouco espaço útil.

2. Mecanismo **de ligação em tesoura**

Nos mecanismos detesoura, os suportes articulados e dobráveis estão dispostos numa configuração em "X". A extensão é produzida, prolongando o padrão de cruzamentos, através da aplicação de pressão no exterior de um conjunto de suportes numa extremidade do mecanismo. Isto pode ser feito por meios hidráulicos, pneumáticos, mecânicos ou mesmo meramente musculares. Pode simplesmente exigir que a pressão inicial seja libertada para que retome a sua posição original. Este mecanismo é utilizado por objectos como as mesas de elevação e os elevadores de tesoura. É também frequentemente utilizado nos modernos teclados de computador de baixo perfil, em que cada tecla é montada num suporte de tesoura para permitir um movimento vertical suave e a utilização de um conjunto de contactos de cúpula de borracha mais acessível mas durável, em vez de um conjunto dispendioso e complicado de interruptores mecânicos.

Descrevem-se as concepções e os princípios de funcionamento das ligações em tesoura. Uma ligação em tesoura é um componente de um membro robótico numa forma de realização. De acordo com uma modalidade, a articulação em tesoura tem uma ligação rotativa, duas ligações proximais e dois motores que podem rodar as ligações proximais em direcções diferentes. A extensão, retração e rotação da articulação em tesoura são todas controladas pela rotação relativa entre as duas ligações proximais. Outras formas de realização da tesoura têm ligações com relações de comprimento específicas para evitar que surja uma singularidade durante o funcionamento. Para evitar singularidades e/ou para transferir binários para a parte distal de uma articulação de tesoura para utilização no acionamento de outros componentes, como uma segunda articulação de tesoura colocada em série com a primeira, as transmissões de binário podem ser incluídas nas articulações em algumas implementações.

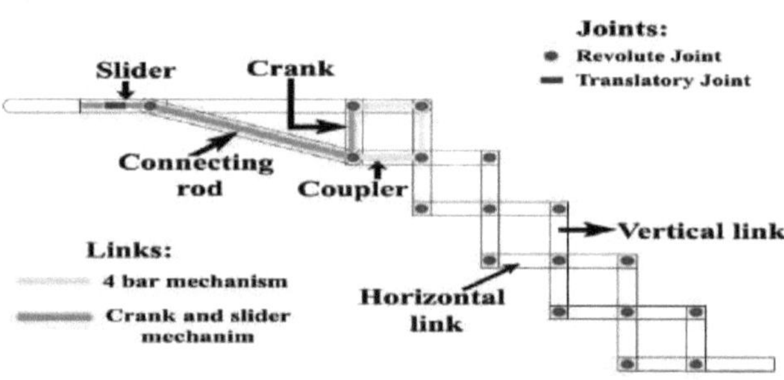

Fig:1.3 Mecanismo de ligação em tesoura [6]

1.2 Compressor utilizado no mecanismo de tesoura

1.2.1 Pneumático

Os sistemas pneumáticos e hidráulicos utilizam fluidos para fornecer força e energia através de máquinas básicas e sofisticadas. Ambos são adequados para fazer com que as máquinas se movam para a frente e para trás e podem funcionar a distâncias consideráveis do seu compressor ou bomba sem a utilização de quaisquer engrenagens ou correias transportadoras (movimento recíproco). Ambos podem gerar uma quantidade significativa de energia utilizando equipamento relativamente leve.

Existe ainda a necessidade de mais um componente no sistema pneumático. Um sistema simples que ligasse um compressor a um atuador através de um circuito e uma válvula funcionaria muito lentamente porque o ar é um gás muito compressível. Depois de o ligar, o compressor demoraria algum tempo a forçar o ar através do circuito e a criar pressão suficiente para mover o atuador (tal como demora algum tempo até que um pneu de bicicleta ou um balão comece realmente a encher, uma vez que se espera que a pressão aumente). Consequentemente, uma máquina pneumática tem também um reservatório (na realidade, um balão) que contém uma quantidade significativa de ar comprimido sob pressão, pronto a fornecer força quase instantaneamente assim que a válvula operacional é aberta.

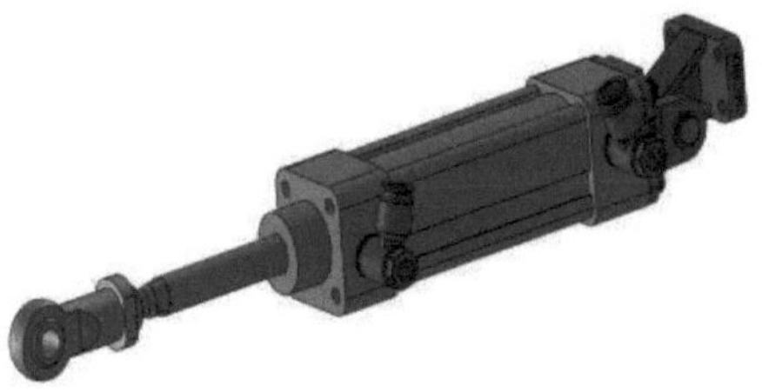

Fig:1.4 Compressor pneumático [1]

Os fluidos são utilizados pelos sistemas pneumáticos e hidráulicos para transmitir força e energia através de máquinas simples e complexas. Ambos podem trabalhar a grandes distâncias do seu compressor ou bomba sem a utilização de quaisquer engrenagens ou correias transportadoras e são adequados para fazer com que as máquinas se movam para a frente e para trás (movimento recíproco). Ambos são capazes de produzir uma quantidade considerável de energia com aparelhos relativamente leves (esta é uma das razões pelas quais os dentistas utilizam ocasionalmente berbequins pneumáticos, que são incrivelmente potentes mas muito leves).

1. Potência

Os sistemas pneumáticos são frequentemente escolhidos em vez dos hidráulicos para aplicações de média potência e alta velocidade, quando a precisão não é crucial e é necessária uma ação suave ou amortecimento (absorção de força). Qualquer aplicação em que as flutuações da temperatura ou da pressão do ar possam colocar problemas a um sistema pneumático, bem como as aplicações que exijam elevada potência, elevada precisão e transmissão de força elevada, favorecem os sistemas hidráulicos. No entanto, o equipamento hidráulico move-se frequentemente de forma lenta.

2. Exatidão

Devido à capacidade do ar para ser comprimido e à sua relativa imprevisibilidade, os dispositivos pneumáticos são normalmente (embora nem sempre) mais lentos a responder e menos precisos do que os hidráulicos. Como é necessária uma quantidade substancial de energia eléctrica para fazer funcionar um compressor e armazenar parte dessa energia em ar comprimido - e porque uma boa parte dessa energia se perde quando o gás gasto é expelido como escape - são menos eficientes e mais dispendiosos de operar.

.

3. Controlo

Os motores eléctricos têm um grande momento de inércia - uma forma de efeito de volante - porque fazem girar objectos muito pesados, o que faz com que demorem algum tempo a arrancar e a parar. Por conseguinte, necessitam de tempo para exercer a sua força máxima, bem como de tempo para parar ou dar a volta. No entanto, como as máquinas controladas por fluidos têm menos impulso, podem normalmente arrancar, parar e inverter a marcha mais rapidamente.

1.3 Tipos de mecanismos de bloqueio utilizados nas escadas dobráveis

1.3.1 Mecânica

Os mecanismos de fecho mecânico com dentes e ranhuras são um tipo típico observado no fabrico, na engenharia e na construção. É frequentemente utilizado para fixar dois componentes e impedir qualquer movimento entre eles. O mecanismo de dentes e ranhuras é constituído por duas partes: um componente "dentes" e um componente "ranhura". O componente "ranhura" tem uma sequência correspondente de ranhuras ou ranhuras que se destinam a receber os dentes, enquanto o componente "dentes" tem uma pluralidade de dentes ou projecções que sobressaem para o exterior. Os dentes de um componente são colocados nas ranhuras do outro componente quando os dois componentes estão alinhados, formando uma ligação estável e segura. Esta ligação pode ser quebrada se os dentes forem retirados manualmente das ranhuras ou se as peças forem reorganizadas. Os mecanismos de bloqueio de dentes e ranhuras são frequentemente utilizados em máquinas e equipamentos industriais porque oferecem uma ligação sólida e fiável entre peças que têm de permanecer imóveis durante o funcionamento. São frequentemente utilizados na construção civil para unir vigas, barrotes e outros elementos estruturais. Os mecanismos de bloqueio de dentes e ranhuras têm a vantagem de serem relativamente fáceis de produzir e instalar, necessitando apenas de procedimentos fundamentais de maquinação e montagem. São também extremamente fortes e resistentes à deterioração, o que os torna ideais para utilização em aplicações exigentes.

1.3.2 Eletromagnetismo

Um eletroíman é um tipo de íman em que uma corrente eléctrica cria o campo magnético. O fio que compõe um eletroíman é normalmente torcido numa bobina. Um campo magnético é gerado por uma corrente que flui através do fio e se concentra no orifício no centro da bobina. Quando a corrente é cortada, o campo magnético desaparece. Para criar um íman mais forte, as voltas do fio são frequentemente torcidas em torno de um núcleo magnético feito de um material ferromagnético ou ferrimagnético, como o ferro. `

A principal vantagem de um eletroíman em relação a um íman permanente é a capacidade de alterar rapidamente o campo magnético, ajustando a quantidade de corrente eléctrica que flui através do enrolamento. Um eletroíman, ao contrário de um íman permanente, necessita de um fluxo constante de corrente para manter o campo magnético.

Vantagens

- Para construir um controlo automático de escadas, utiliza-se um hardware muito básico e comandos simples.
- Produzirá mais eficazmente do que outros sistemas de escadas. Este sistema é mais eficaz em termos de segurança do que outras escadas.
- Muito raramente, pode ocorrer um acidente durante a descida da escada.

Desvantagens

- O custo inicial é elevado.
- Este sistema é utilizado quando o compressor de ar está presente.

Aplicações

- Sempre que é necessária uma otimização do espaço, são aplicados.
- Ajuda os passageiros a embarcar em autocarros e comboios em segurança, permitindo-lhes subir sem incidentes.
- São utilizados nas casas para subir ao sótão ou aos andares superiores quando é importante maximizar o espaço.

CAPÍTULO 2
REVISÃO DA LITERATURA

Esta secção inclui o trabalho de investigação que foi realizado sobre o mecanismo de escada dobrável e retrátil. A pesquisa bibliográfica apresenta o trabalho já realizado e a informação foi utilizada para introduzir melhorias significativas no projeto atual.

Hardik Mehta e Tirth Patel [2020] [1] falaram sobre as escadas que se encontram em todo o lado, mas que não são utilizadas regularmente. Ocupam muito espaço, apesar de serem utilizadas com pouca frequência. As escadas dobráveis podem ser utilizadas para poupar espaço e reduziriam a probabilidade de acidentes. Os degraus em forma de tesoura são acionados pneumaticamente. A substância é o aço macio, que é composto por Fe, P, Mn, Ni e Si. A corrediça, a manivela e a biela na construção básica demonstram o mecanismo da corrediça e da manivela. O mecanismo de quatro barras cria o sistema de tesoura com a ajuda das ligações horizontais e verticais.

O trabalho de **Jing-Shan Zhao e Jian-Yi Wang [2011] [2]** apresenta escadas dobráveis com uma estrutura em tesoura que tem boa rigidez e resistência. A estrutura é criada através da utilização do mecanismo de 4 e 6 barras. A cinemática e a estática de um tipo particular de mastro de pantógrafo são o objeto da investigação. Utilizou-se o método do multiplicador de Lagrange para resolver as restrições das articulações. As forças internas de cada elo são então examinadas após a discussão da estática do sistema de corpo rígido do mecanismo de escada. O segundo teorema de Castigliano foi utilizado para investigar os constrangimentos redundantes e as pressões internas. Além disso, a escada dobrável proporciona a rigidez e a resistência necessárias, bem como uma mobilidade sem restrições durante a dobragem e a desdobragem.

Najaruddin Mulla e Shivaprasad Mukhandmath [2019] [3] apresentaram neste estudo o projeto de um conjunto de escadas dobráveis que podem ser utilizadas durante uma evacuação. O software Solidworks é usado para finalizar o projeto, enquanto o ANSYS é usado para a análise. O sistema de acionamento para funcionamento pneumático é criado e desenvolvido. Os materiais utilizados no mecanismo são a liga de alumínio, o aço inoxidável e o aço macio. A simulação em ANSYS é efectuada enquanto se observa o movimento das ligações. Esta investigação levou à conclusão de que as folgas das juntas e a flexibilidade das ligações tiveram um impacto significativo no mecanismo de quatro barras utilizado para mover escadas dobráveis. A escada dobrável operada pneumaticamente com componentes tipo tesoura é escolhida como a solução mais fiável, eficiente e económica.

Jianguo Cai e Yixiang Xu [2013] [4] fizeram uma análise da ligação de Hoberman, que é o tema deste ensaio. A peça angulada de Hoberman mantém o seu ângulo ao longo do movimento. O método da teoria dos parafusos é utilizado para investigar a mobilidade. A vantagem da utilização da teoria dos parafusos em relação a algumas técnicas tradicionais. A obtenção do espaço nulo de uma matriz jacobiana de restrições, uma abordagem numérica para avaliar o grau de liberdade de mastros pantagruélicos foi apresentada. a necessidade crescente de construções dobráveis.

Tushar Gujrathi e Mayur Dhongade [2022] [5] descobriram que a dificuldade dos comboios modernos é o maior nível do piso. Os acidentes ocorrem quando algumas pessoas sobem os degraus verticais exteriores para chegarem ao nível do chão. mais aparente à medida que as pessoas sobem e descem, o que normalmente resulta em acidentes e lesões. Normalmente observado em crianças pequenas, mães, idosos com artrite e outros grupos. Este trabalho centra-se na conceção e construção de um componente de degrau dobrável para cobrir o nível e o espaço entre o chão e o palco, a fim de resolver os problemas acima mencionados. O mecanismo de tesoura pneumática acciona os degraus.

Segundo uma sondagem realizada por **Kunal Gawhade , Pranav Raj e P.L. Rajkumar [2021] [6]**, o piso elevado e o degrau do autocarro dificultam a entrada e a saída dos idosos do veículo. Devido a uma espera significativa, foi observado um comportamento rude do pessoal do autocarro quando os passageiros idosos e deficientes embarcaram. Os degraus altos dificultam a deslocação dos passageiros normais que transportam sacos grandes, as senhoras grávidas e outros sofrem frequentemente de perda de equilíbrio, o que pode resultar em lesões. As inovações recentes incluem autocarros com pisos baixos e autocarros ajoelhados. Apesar dos problemas, os autocarros de piso alto continuam a ser procurados devido à sua grande capacidade. John D. Abbott propôs a utilização de escadas retraídas com a utilização de uma ligação em paralelogramo e de um mecanismo de acionamento pneumático hidráulico, que prolonga os degraus para permitir um embarque e desembarque simples. O NX12, um programa PLM, foi utilizado para modelar as ideias. As especificações do governo indiano para os autocarros de piso elevado serviram de base para a conceção. A melhor ideia para desenvolvimento posterior foi selecionada utilizando a abordagem da Matriz de Pugh. As métricas utilizadas para avaliar o carácter prático do conceito incluem o custo do produto, o tempo de dobragem/desdobragem, a conveniência de utilização, a compacidade e a vida útil do produto.

Xilun ding e Xinli [2015] [7] discutem a criação de um novo mecanismo de acionamento/retração, tendo em conta os efeitos da fricção das juntas. À medida que as unidades de design são analisadas e os mecanismos destacáveis são concebidos utilizando a abordagem de construção sugerida, são apresentados vários tipos de mecanismos com funções de auto-bloqueio e desbloqueio. É construído um protótipo de acionamento por cabo com um único motor e são efectuadas as simulações pertinentes. Os mecanismos com topologias variáveis são aqueles cujas configurações topológicas são frequentemente alteradas para responder a diferentes necessidades de tarefas. Oledzki estuda o modelo de mecanismo de acionamento autoblocante e apresenta quatro exemplos de acionamento. Leonesio e Bianchi investigaram as circunstâncias em que os sistemas de circuito fechado se autobloqueiam. Podem ser propostos projectos inovadores utilizando articulações autoblocantes que melhoram o desempenho dos mecanismos destacáveis. Os MVTs e os mecanismos metamórficos são utilizados em mecanismos de funcionamento de uma escotilha de nave espacial, de um telescópio ótico destacável e de outros dispositivos.

Kun Xu e Long Li [2017] [8] Os mecanismos metamórficos pertencem a uma classe cujas configurações topológicas podem ser alteradas para satisfazer vários requisitos Tak. Nesta investigação, é utilizada uma junta cinemática variável para desenvolver uma célula de mecanismo metamórfico que pode realizar a implantação, o autobloqueio, o desbloqueio, a retração e o encravamento com células (VKJs). Um modelo telescópico acionado por cabo com três tubos é construído utilizando a nova célula metamórfica e são efectuadas simulações de movimento para validar a abordagem de conceção. As extensões paralelas e em série das células foram representadas, e estas extensões podem ser utilizadas para construir sistemas ordenados de vários estágios, implantáveis/retractáveis. Foi concebido o sistema de acionamento das roldanas dos cabos do modelo.

O artigo de Shengnan Lu e Dimiter Zlatanov [2018] [9] trata de mecanismos que podem dobrar-se num feixe. A abordagem geométrica comum para projetar loops espacialmente confinados com um grau de liberdade para links de dobragem de feixe. O mecanismo destacável pode ser agrupado e destacado em várias formas. O armazenamento e o transporte são facilitados pela dobragem compacta. Unidades semelhantes podem ser montadas sem restrições, produzindo construções amovíveis de qualquer dimensão. Este agrupamento tem de ser efectuado sem espaços ou interfaces, o que deve ser assegurado pela conceção mecânica. As condições básicas de dobragem de um grau de liberdade sobre mecanismos limitados são discutidas, incluindo estudos de casos de ligações Brenett Tipo III e laços 4R, 5R e 6R. Estas simulações confirmadas são os estudos de caso.

Ali SMAILI e René MOTRO [2006] [10] falaram sobre sistemas de tensegridade curvos que podem dobrar e desdobrar. São estabelecidos três requisitos para apresentar o mecanismo finito, a redução da tensão suave durante a dobragem e a classificação e ilustração da nova configuração de tensegridade no que diz respeito às caraterísticas da direção da viga, da curvatura média da superfície e da direção do eixo de articulação. Ao considerar os parâmetros do elemento durante o processo, a tensegridade de dupla curvatura pode proporcionar estruturas eficazes. As direcções dos sistemas e a condição de auto-esforço dependem destes factores. Mas nem todas as formas são vulneráveis ao escolhido. Este documento descreve a investigação que se centra na identificação e aplicação de procedimentos e aplicações do sistema tensegrity a configurações estruturais severas, de modo a facilitar a dobragem e a aplicação de grelhas tensegrity de dupla curvatura.

Jian-Yi Wang, Fulei Chu e Zhi-Jing Feng [2012] [11] falaram de degraus que são rápidos de montar e de dobrar para serem guardados. A escada dobrável pode ser utilizada como desvio e como local para pendurar roupa. fácil de utilizar e observar uma aplicação de soldadura. Não há espaço suficiente tanto no interior como no exterior. Isto é útil para retirar as pessoas dos edifícios durante calamidades como os terramotos. Na força de trabalho, a configuração destas estruturas e mesmo a sua mobilidade alteram-se frequentemente. Estes elementos estruturais são feitos para se expandirem em estruturas que podem suportar cargas após a construção e podem ser armazenados numa configuração compacta. A escada é considerada como uma passagem essencial que liga dois pisos próximos. Por conseguinte, deve ser suficientemente forte e rígida. No entanto, as escadas dobráveis, graças ao desenvolvimento de materiais com elevada rigidez, elevada resistência e baixa liga, são agora tecnicamente viáveis.

V.S.Rajashekhar e K.Thiruppathi [2014] [12] estudaram a possibilidade de utilizar uma escada dobrável se for possível encontrar uma solução espacial. Isto desencadeia um mecanismo em que o desdobramento e a dobragem da escada se devem ao movimento linear do cursor numa extremidade da análise do efeito da alteração do comprimento da biela que converte o movimento linear em movimento rotativo, tendo em conta comprimentos variados da biela. A força necessária para mover o seletor é medida por um software CAD cam. A conceção e a simulação são utilizadas para criar o circuito do atuador para o cursor, utilizando um cilindro de duplo efeito. Os elementos tipo tesoura (SLE) são movidos por um mecanismo de quatro barras, e a rigidez e a resistência do mecanismo dependem da resistência das linhas. O mecanismo da escada dobrável é composto por ligações que são ligadas por linhas dispostas num padrão em forma de escada, tanto vertical como horizontalmente. As ligações verticais e horizontais, um cursor, uma biela e uma manivela são todos componentes do mecanismo da escada dobrável que se ligam entre si utilizando juntas rotativas. O software Ansys foi utilizado para a análise da unidade de ação de tensão. Para cada uma das 10 situações, a biela foi modelada, engrenada e foram-lhe aplicadas forças do MSC Adams.

Sumedh Ingle e Anshul Gupta [2019] [13] O objetivo de Sumedh Ingle e Anshul Gupta era transformar um lance de escadas num declive ou palco para que as pessoas instáveis ou com deficiência o pudessem utilizar. Trata-se de um tipo de degrau portátil, uma vez que combina degraus e uma inclinação, permitindo a sua utilização sempre que necessário. Estes objectos motorizados contribuirão para reduzir o trabalho humano. Reduzir o esforço humano na vida quotidiana e ultrapassar as dificuldades é a principal motivação para abordar esta questão. O esforço para aplicar as ideias teóricas à realidade está agora concluído. A experiência adquirida com a investigação contínua mostra que a inclinação e os degraus são utilizados separadamente. Os degraus automatizados tendem a ser utilizados naturalmente e são geralmente úteis. Também podem ser utilizados vários sistemas para realizar uma interação comparável; por exemplo, o poste sem-fim poderia muito bem ser movido por um motor elétrico utilizando um sistema computorizado. A utilização de materiais distintos permite aumentar a força, a capacidade de carga e a resistência às intempéries. Por razões de segurança, podem ser incluídos sensores e avisos.

G.J. Gantes e T.Langbecker [2001] [14] estudaram as estruturas amovíveis e o seu projeto envolve uma variedade de capacidades, incluindo o conhecimento da matemática clássica, a compreensão do comportamento estrutural não linear, a aplicação de técnicas contemporâneas de simulação numérica e uma grande dose de criatividade em engenharia. Este livro especial formula e aborda as questões desafiantes do projeto de engenharia relacionadas com as estruturas destacáveis, e é adequado para engenheiros de estruturas em exercício, bem como para estudantes de pós-graduação sem experiência prévia neste domínio. Adicionalmente, organiza o tópico do projeto de estruturas amovíveis do tipo "snap-through", que será de interesse para os leitores com mais conhecimentos. São apresentados resultados de estudos recentes e a prática atual.

K. Ishii [2000] [15] explicou que uma estrutura com um teto retrátil pode ter a totalidade ou uma parte do teto deslocada ou recuada num curto espaço de tempo. As pequenas estruturas de cobertura retrátil já existem há algum tempo, mas os sistemas de cobertura retrátil de grandes dimensões, como os que se encontram nos recintos desportivos, são relativamente recentes. Estas estruturas oferecem vantagens intrínsecas em relação às coberturas tradicionais, mas muitos dos seus aspectos não podem ser imaginados ou descritos em termos de concepções arquitectónicas aceites, e alguns dos problemas que levantam, como a segurança, não podem ser tratados pelas normas actuais. Este livro, baseado nas conclusões de um comité de trabalho formado pela International Association of Shell and Spatial Structures, apresenta informação de ponta, princípios de conceção e sugestões para estruturas de cobertura retrácteis (IASS). Numa perspetiva global, são abordados dois tipos diferentes de sistemas: 1) Estruturas com materiais rígidos ou flexíveis esticados entre estruturas que não são dobráveis; e 2) tipos de membranas dobráveis, como tendas e pneumáticos.

T. Langbecker [1999] [16] estudou a conceção geométrica de construções em tesoura amovíveis, que é o tema do presente estudo. Estas estruturas são classificadas nas categorias de estruturas amovíveis ou dobráveis. Uma estrutura dobrável garante um ambiente de implantação sem stress. A equação de dobrabilidade, uma fórmula totalmente nova, é criada. A equação de dobrabilidade é escrita de forma estritamente geométrica. Para algumas unidades fundamentais da estrutura destacável, o vetor de capacidade de dobragem é formado através da equação de capacidade de dobragem. Após a análise da cinemática, a equação da capacidade de dobragem é utilizada para calcular a capacidade de implantação e a capacidade de dobragem de geometrias translacionais, cilíndricas e esféricas.

T. Van Mele e Vrije [2008] [17] discutiram o sistema de cobertura de membrana retrátil descrito neste trabalho, conhecido como estruturas de membrana retrátil com articulação em tesoura, que exige uma estrutura de suporte totalmente retrátil, bem como várias configurações de cobertura estáveis. O desenvolvimento de duas estruturas articuladas em tesoura que se podem retrair para lados diferentes do espaço abaixo cria uma estrutura de suporte abobadada e dobrável. Para criar a superfície exterior do telhado, as membranas estruturais são esticadas através destas estruturas num padrão de cumeeira e vale. Em várias disposições da cobertura, são incluídos actuadores para gerir a tensão na superfície da membrana. Para alterar a configuração, são utilizados cabos que passam pela estrutura de suporte e por um conjunto de roldanas. O projeto de uma cobertura retrátil sobre um campo de ténis serve para ilustrar as caraterísticas destes componentes e a sua aplicação. O comportamento estrutural desta cobertura é analisado em condições de carga típicas. O projeto e a análise de estruturas de superfície de tração utilizando ferramentas de software tradicionais são descritos, juntamente com um processo para a realização dessas análises.

J.S. Dai e J. Rees Jone [1999] [18] examinaram um grupo de mecanismos que, quando levantados ou dobrados, modificam as suas propriedades estruturais. A classe abrange uma série de objectos, presentes ornamentais e caixas feitas de cartão plano que foram dobradas para permitir a dobragem ou desdobragem de uma estrutura. Se os vincos forem considerados como dobradiças que ligam os painéis de cartão e de papel, considerados como elos, então esta estrutura permite uma investigação cinemática em conformidade com a teoria dos mecanismos. A aplicação e a produção automatizada de tais dispositivos abriram novas perspectivas. Aqui, os tipos comuns são explicados em termos dos seus componentes essenciais e dos mecanismos associados. A análise destes tipos de mecanismos, especialmente aqueles com numerosos loops, incorpora a teoria dos sistemas de parafusos. Os resultados da análise de equivalência são utilizados para analisar a mobilidade e a cinemática utilizando várias combinações geométricas e de sistemas. Os resultados dos sistemas de parafusos equivalentes são utilizados para analisar a mobilidade e a cinemática utilizando várias combinações de geometria e sistemas.

Kaveh, A. e Davaranl, A. [1996] [19] estudaram a análise de estruturas dobráveis com elos de tesoura, sendo criada uma abordagem prática. É utilizada uma abordagem de rigidez comum para derivar e incorporar a matriz de rigidez do dupleto, uma unidade de uma estrutura deste tipo. São analisados um programa informático e vários exemplos. Os resultados são comparados com os resultados da análise utilizando componentes unipolares. Os dupletos são introduzidos em vez dos unipletos, o que resulta numa melhoria significativa.

Chen, Y., You, Z. e Tarnai, T. [2005] [20] explicaram que um mecanismo espacial de ciclo fechado, com três planos de simetria em qualquer posição, é descrito como uma ligação Bricard de simetria tripla. É constituído por seis barras articuladas em forma de dobradiça. Neste artigo, analisa-se a cinemática destas relações. Salienta-se que, para certos valores de parâmetros, é possível a bifurcação cinemática das ligações. É discutida em profundidade a relação com as propriedades da bifurcação cinemática. Investiga-se a aplicabilidade das ligações Bricard triplamente simétricas e das suas formas alternativas a construções destacáveis. Utilizando também a ideia de bifurcação cinemática, é descrito um fenómeno de "snap-through" observado num anel hexagonal destacável.

You Z. and Pellegrino [1997] [21] A estrutura dobrável básica do tipo treliça, que é constituída por dois conjuntos de varões rectos paralelos ligados por dobradiças, é estudada e a sua generalização e extensão são apresentadas numa nova categoria de estruturas dobráveis bidimensionais. Demonstra-se que qualquer estrutura composta por hastes rígidas e multi-anguladas - hastes rectas com dobras nas posições das dobradiças - é dobrável se as hastes se organizarem numa tesselação de paralelogramos. Usando esta descoberta como ponto de partida, são estudadas as concepções estruturais de estruturas curvas e planas que podem ser dobradas ao longo do seu perímetro.

Langbecker, T. [2000] [22] explicou no seu artigo que este fornece uma análise crítica dos vários sistemas estruturais que têm sido propostos até agora para o objetivo de encerrar o espaço utilizável. As propriedades morfológicas e cinemáticas dos sistemas estruturais são classificadas e a sua eficácia estrutural, complexidade técnica e eficiência de implantação/estiva são comparadas. Embora as estruturas cinemáticas sejam o tema principal, são também abordadas certas concepções retrácteis e desmontáveis. O trabalho inclui uma longa lista de referências.

Hanaor A. e Levy R. [2001] [23] estudaram as soluções existentes e examinaram as suas deficiências e as justificações para não as utilizar ou não as pôr em prática. Um conceito final é escolhido após a geração e a seleção de conceitos, que têm em conta os condicionalismos existentes. Para resolver este problema, é escolhida a ideia de uma escada dobrável de acionamento pneumático com um aspeto de tesoura. O software SOLIDWORKS é utilizado para construir uma escada dobrável de acionamento pneumático. Para a análise, é utilizado o software ANSYS. Foi criado um mecanismo para acionar pneumaticamente um atuador. Finalmente, para verificar se não existem ligações adicionais desnecessárias ou se não existem ligações que possam atrasar a dobragem e a desdobragem das escadas, é efectuada uma análise de corpo rígido. A análise dinâmica do corpo rígido é utilizada para validar o projeto final para a sua utilização prevista (dobrar e desdobrar). O sistema de acionamento pneumático é utilizado para automatizar a dobragem e a desdobragem das escadas, facilitando a saída dos passageiros do veículo, servindo assim como um dispositivo salva-vidas.

Lee e Byung-tae [1999] [24] discutiram a questão da evacuação simples dos passageiros, que é estudada nesta tese utilizando uma variedade de cenários de acidentes em áreas restritas. Em caso de emergência, é necessária uma configuração ou mecanismo para a evacuação simples dos passageiros. Está a ser feita investigação para criar um sistema de evacuação seguro em todo o mundo. Neste ensaio, as soluções existentes são examinadas, juntamente com as suas deficiências e justificações para não as utilizar ou pôr em prática. Um conceito final é escolhido após a geração de conceitos e a seleção de conceitos, que têm em conta as restrições existentes. Para resolver este problema, é escolhida a ideia de uma escada dobrável de acionamento pneumático com um aspeto de tesoura. O software SOLIDWORKS é utilizado para construir uma escada dobrável de acionamento pneumático. Para a análise, é utilizado o software ANSYS. Foi criado um mecanismo para acionar pneumaticamente um atuador. Por fim, é efectuada uma análise de corpo rígido para determinar se são necessárias ligações adicionais ou para eliminar as ligações desnecessárias para o funcionamento adequado (dobragem e desdobragem) das escadas com o menor tempo de resposta. A análise dinâmica do corpo rígido é utilizada para validar o projeto final para a utilização prevista (dobragem e desdobragem). O sistema de acionamento pneumático é utilizado para automatizar a dobragem e a desdobragem das escadas, facilitando a saída dos passageiros do veículo, servindo assim como um dispositivo salva-vidas.

Maputi e Edmund Shingirayi [2014] [25] referiram que os autocarros podem ser utilizados para o transporte de massas em rotas dentro e entre cidades, como já foi referido. A evolução tecnológica no século XXI produziu uma série de modelos de autocarros. A inovação na conceção dos autocarros tem-se concentrado na utilização de materiais leves, na sua capacidade de serem moldados e na estética do interior e do exterior do autocarro. Enquanto isto acontece, o equipamento de saída de emergência dos autocarros, que ajudaria os passageiros a sair rapidamente em caso de emergência, não foi melhorado. O presente documento analisa a conceção de um dispositivo de saída de emergência para autocarros. Este dispositivo poderá ser utilizado em determinadas janelas de saída de emergência. O dispositivo ajudará os passageiros a sair do autocarro antes da chegada dos serviços de emergência em caso de acidente. Para gerar o modelo, será utilizado o programa de modelação SolidWorks.

Paul, Y. Wilburt Moses e Timothy Abraham [2016] [26] explicam como a procura de transportes públicos eficientes tem aumentado ao longo do tempo. A infraestrutura dos transportes públicos depende fortemente dos autocarros. Mais de 70 milhões de pessoas são transportadas diariamente por autocarros na Índia, de acordo com dados do National Sample Survey Office (NSSO). Tendo em conta as dificuldades sentidas por alguns passageiros (idosos, crianças e pessoas com deficiência) no embarque e desembarque de autocarros de piso elevado, este artigo apresenta soluções para escadas retrácteis, a fim de garantir uma acessibilidade fácil para todos. Os projectos foram desenvolvidos após a localização e o estudo dos concorrentes no mercado. O melhor projeto foi escolhido após a utilização da matriz de Pugh para analisar e comparar a complexidade, a eficácia e o custo do conceito.

B.P. Nagaraj, R. Pandiyan A. Ghosal [2009] [27] Este estudo centra-se na cinemática dos mastros de pantógrafo. Em muitas aplicações espaciais, são utilizadas estruturas amovíveis como os mastros de pantógrafo. Trata-se de mecanismos demasiado limitados, com menos de um grau de liberdade, de acordo com a fórmula de Grübler-Kutzback. Para determinar o grau de liberdade dos mastros de pantógrafo, é utilizado neste trabalho um método numérico para calcular o espaço nulo de uma matriz Jacobiana de restrições. O resultado é a obtenção de mais articulações de mastros. Utilizando uma abordagem baseada no cálculo simbólico, são encontradas as equações cinemáticas em forma fechada dos mastros de pantógrafo triangulares e em forma de caixa. A abordagem produz as várias configurações de implantação que esses mastros podem adotar. A localização das articulações do mastro não utilizadas é facilitada pela abordagem de forma fechada. O grau de liberdade global para estes mastros também pode ser determinado utilizando os cálculos simbólicos da matriz Jacobiana.

S.K Agarwal e S.Kumar [2001] [28] sugerem um novo método para a criação de estruturas expansivas de um só grau de liberdade utilizando unidades poliédricas expansivas de um só grau de liberdade. As arestas dos polígonos regulares são substituídas por juntas prismáticas na geometria das unidades poliédricas. Muitas redes práticas que se assemelham muito a uma dada forma tridimensional podem ser construídas utilizando unidades poliédricas. A estrutura pode crescer quando activada, mantendo a sua forma externa. Uma cadeira com altura ajustável é utilizada como exemplo para demonstrar como funcionam as equações dinâmicas que regem as redes cúbicas, tetraédricas e octaédricas. Embora a realização destes desenhos seja incrivelmente excitante, há uma série de questões práticas a ter em conta, como a ligação por fricção. Esta ligação pode ser evitada organizando cuidadosamente numerosos actuadores coordenados dentro da rede. Atualmente, a nossa equipa de investigação está a abordar estas dificuldades práticas.

R. Pandiyan e Ashitava Ghosal [2010] [29] As coordenadas cartesianas e a computação simbólica foram utilizadas na investigação sobre a análise cinemática e estática de mastros tridimensionais implantáveis de SLE. O cálculo da mobilidade dos mastros no espaço nulo requer a utilização da matriz Jacobiana produzida pela derivada das equações de restrição. Para determinar a matriz de rigidez do SLE, foi utilizado o Jacobiano de restrições. A matriz de rigidez produzida pelo nosso método é idêntica à produzida pelos métodos de força e deslocamento utilizados em estudos anteriores. As principais vantagens da abordagem baseada no jacobiano de restrição são a facilidade com que as matrizes de rigidez podem ser obtidas, a simplicidade com que as juntas e ligações redundantes do mastro podem ser identificadas e a facilidade com que as restrições das juntas revolutas podem ser incorporadas usando multiplicadores de Lagrange. A estratégia delineada neste estudo pode ser aplicada a mastros empilhados e a mastros com diferentes designs.

Josep M. Mirats Tur e Sergi Hernàndez Juan First [2009] [30] tiveram de concluir a visão geral das estruturas de tensegridade que os autores tinham iniciado num estudo anterior, abrangendo as principais propriedades dinâmicas desses sistemas. Ao definir as principais preocupações subjacentes, o segundo objetivo principal deste estudo é dar uma imagem clara das principais vias de investigação atualmente disponíveis, bem como das contribuições mais pertinentes em cada uma delas. A extensa literatura sobre o assunto foi dividida em quatro áreas principais: métodos de conceção e de determinação de formas que abordam o problema de encontrar configurações estáveis; algoritmos de mudança de forma que abordam o problema de encontrar trajectórias estáveis entre elas; e algoritmos de controlo que consideram o modelo dinâmico do sistema tensegrity.

Shrinivas S. Balli e Satish Chand [2002] [31] recomendaram a utilização de um método de números complexos para sintetizar um mecanismo de geração de movimentos e trajectórias de cinco barras planas com topologia variável para dois locais finitamente separados. A técnica é útil para reduzir o espaço de soluções. A abordagem sugerida não é iterativa. É considerada a transição entre duas situações extremas.

Duanling Li e Zhonghai Zhang [2010] [32] explicaram **que**, à medida que um objeto é movido, uma ligação metamórfica pode alterar o número de juntas e ligações que possui realmente. Isto sugere que a representação estrutural cinemática de uma ligação metamórfica pode assumir diferentes geometrias em que os vértices e as arestas se fundem, dependendo da forma como o dispositivo é configurado. Neste trabalho, caracterizou-se uma ligação metamórfica utilizando o gráfico de restrições da geometria computacional em vez do tradicional gráfico topológico para facilitar a descrição das alterações de configuração de uma ligação metamórfica. A sub-matriz de adjacência do grafo de restrições fornece uma descrição simples das alterações na topologia das ligações e juntas que ocorrem ao longo do funcionamento da ligação metamórfica. As operações na submatriz de adjacência captam as alterações topológicas numa ligação metamórfica. Foram dados muitos exemplos para apoiar as suas conclusões.

Hong-Sen Yan e Chin-Hsing Kuo [2006] [33] discutiram as máquinas de andar com pernas, os fechos mecânicos com botão de pressão e outros brinquedos, que são alguns exemplos de dispositivos com topologias variadas que têm utilizações intrigantes. Num mecanismo com topologia variável, uma junta cinemática capaz de se alterar topologicamente é conhecida como junta cinemática variável. As representações topológicas e a análise das caraterísticas de juntas cinemáticas variáveis são o foco deste trabalho. Os estados topológicos de uma junta cinemática variável podem ser descritos simbolicamente como sequências de juntas, visualmente como digrafos e matematicamente como matrizes durante o processo de funcionamento de um mecanismo. Através da utilização de aplicações da teoria dos grafos, demonstra-se que as propriedades de reversibilidade, continuidade, variabilidade dos graus de liberdade, homomorfismo das juntas, contractibilidade e expansibilidade são caraterísticas topológicas das juntas cinemáticas variáveis. Para demonstrar como as noções sugeridas podem ser utilizadas para analisar e sintetizar as articulações variáveis, são dados dois exemplos. No que diz respeito às articulações e processos cinemáticos com topologias variáveis, os resultados deste estudo oferecem uma base lógica para uma síntese estrutural sistemática.

Xilun Ding e Xin Li [2015] [34] O efeito de fricção da junta, que tem sido explorado, é tido em consideração neste documento para desenvolver um novo tipo de mecanismo de acionamento/retração. Estão disponíveis diferentes mecanismos com caraterísticas de auto-bloqueio e auto-desbloqueio como unidades de conceção. Estes componentes podem ser construídos em paralelo, em série, ou em ambas as configurações, de modo a fornecer um tipo específico de mecanismos de acionamento maciço. Depois de examinar as situações de autobloqueio e de autodesbloqueio das unidades propostas, é desenvolvido um novo tipo de mecanismo destacável que pode ser estendido e retraído em linha reta, utilizando a abordagem recomendada para a construção de unidades. São apresentadas as relações entre as matrizes de restrições das unidades em várias configurações. Durante a operação de movimentação, a estrutura topológica do mecanismo amovível sofre alterações, incluindo alterações no número e na direção das juntas. A validação da estratégia de conceção envolve a criação de um protótipo de acionamento por cabo com apenas um motor e a realização de simulações relevantes. Os resultados demonstram um funcionamento sem falhas das unidades de articulação e a potencial criação de um mecanismo amovível de maiores dimensões.

Mayank Sharma e Deepak Parashar [2018] [35] explicaram a compreensão do seu comportamento real e a sua aplicação na construção de escadas rotativas. Nas escadas, desenvolve-se um momento de empuxo da laje. Este momento deve ser longitudinal. Nesta altura, devem ser criados vários apoios para vários momentos. O vão de patamar influencia o momento de flexão. Não só o momento longitudinal, mas também o momento transversal é o que se chama. As partes da escada estão sujeitas a tensões de flexão até certo ponto.

Zhi-Jing Feng e Jian S Dai [2012] [36] explicaram que as escadas são constituídas por um conjunto de elementos idênticos do tipo tesoura. A dinâmica de cada viga do segmento entre cada duas juntas rotativas adjacentes pode ser expressa com precisão pela matriz de transferência do segmento com as variáveis das condições de fronteira das juntas. Assim, a dinâmica estrutural de toda a escada é construída utilizando o menor número de variáveis em comparação com os métodos tradicionais. Além disso, este método evita o problema do método tradicional da matriz de transferência, em que o número de variáveis aumenta consideravelmente quando existe um grande número de juntas transversais numa estrutura.

Ashish Mohapatra e Aman Anand [2014] [37] Foram explorados a pneumática, um microprocessador Arduino e a tecnologia de sensores de infravermelhos. Para garantir um funcionamento fácil e sem problemas da porta, o projeto combina várias disciplinas, incluindo carpintaria, tecnologias de sensores, microcontroladores e pneumática. A necessidade crescente de automação nos sectores industrial e comercial foi o que inspirou esta iniciativa. O passo inicial da técnica é desenvolver e fabricar as dimensões necessárias, em segundo lugar, criar um programa Arduino para a ação da porta e, em terceiro lugar, integrar as várias partes para que funcionem como uma unidade. No laboratório de automatização, a porta foi posta à prova e o programa foi ajustado para ter em conta a iluminação circundante. A porta de correr pneumática pode ser utilizada para aumentar a segurança em locais sensíveis e tem um potencial significativo em sectores como a construção. Em comparação com outras portas, o componente pneumático garantirá que a porta seja menos dispendiosa e funcione sem problemas.

Sakthivel Murugan [2018] [38] explicou que a ideia central é desenvolver soluções de trabalho para a acessibilidade a partir de plataformas de baixo nível para carruagens trian.é difícil entrar e sair do comboio por causa dos passos verticais.portanto, este projeto visa fazer um passo inclinado.O resultado mostra que o design modificado é seguro, comparando com a sua força de rendimento. Uma junta de articulação, juntas rotativas, atuador linear e vários componentes, como suporte de passo de pé, haste longa, passos, ajustador de passos, faixa lateral etc.

Juanxiu Liu e Yifei Wu [2016] [39] discutem a representação da incerteza inercial e dos torques de perturbação externa numa cadeira de rodas utilizada para subir escadas. É criado um controlador de sincronização de modo deslizante de alta ordem para minimizar os erros de sincronização e de seguimento com base num controlador previamente construído, tendo em conta a coordenação de numerosas articulações. Este método aborda o rápido aumento da população idosa com mais de 60 anos. Com a idade, surgem inúmeros problemas de saúde e milhares de pessoas perdem a capacidade de andar todos os anos devido a uma série de acidentes, doenças e catástrofes naturais. As pessoas com deficiência precisam agora de utilizar a alta tecnologia atual para aumentar a sua liberdade e qualidade de vida à medida que a sociedade e a civilização humana avançam.

2.1 Motivação e objectivos

Motivação:

Com o avanço das novas tecnologias, estas devem ser utilizadas ao máximo para facilitar a vida. Assim, é a aplicação de escadas que é utilizada diariamente. Ao conceber uma escada dobrável ou retrátil, é possível otimizar o espaço. Ao estudar vários trabalhos de investigação e publicações, observa-se o mecanismo e o design das escadas. O Solidworks™ é a plataforma de conceção utilizada para as escadas dobráveis e o seu mecanismo. Em termos de mecanismo de bloqueio, foram exploradas várias opções e, por fim, as escadas foram concebidas de forma a acomodar dois tipos de bloqueio, um mecânico e outro por eletromagnetismo. Assim, estes mecanismos e as suas implementações no desenho das escadas motivaram-nos certamente a levar a cabo este projeto. Além disso, a necessidade de restringir o movimento em direcções indesejadas ajudou-nos a conceber um modelo melhor. Isso ajudou-nos a criar escadas retrácteis e, portanto, pode ser desenvolvido num sistema de assentos completo, conhecido como sistema de assentos telescópicos.

Objectivos:

- Desenvolver um mecanismo eficaz para as escadas dobráveis.
- Implementar um mecanismo de bloqueio eletromagnético em escadas dobráveis.
- Desenvolver um protótipo do projeto.

CAPÍTULO 3
METODOLOGIA

Na metodologia de desenvolvimento de um mecanismo de escada dobrável, foram seguidos métodos como a realização de uma pesquisa bibliográfica, a análise de vários projectos, a identificação do mecanismo e a conceção do modelo. O fluxo de trabalho segue o padrão abaixo indicado:

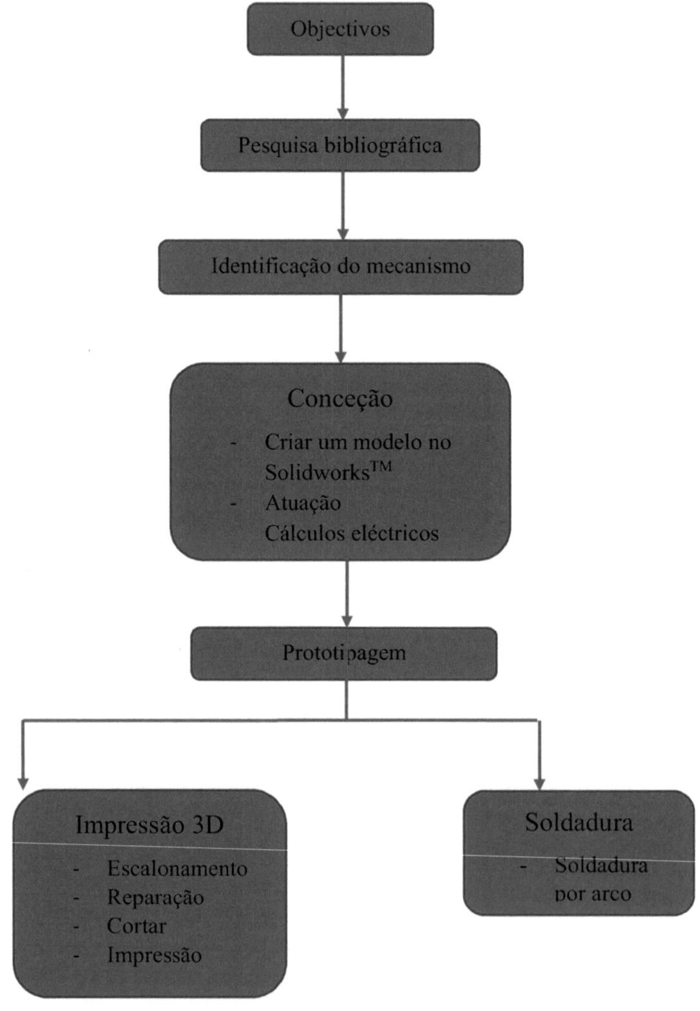

CAPÍTULO - 4
CONCEPÇÃO E CÁLCULOS

4.1 Procedimento de conceção

1. O primeiro passo é selecionar o plano, onde o plano superior é selecionado de acordo com o espaço para os pés planeado para gerar um retângulo (L-2200 mm, B-600 mm) que é extrudido com base na altura do degrau, que é de 300 mm no nosso caso.
2. Selecione a superfície abaixo do plano para gerar 2 rectângulos que actuarão como suportes e, à semelhança do procedimento anterior, extrude-os também aqui.
3. Do mesmo modo, faça também um retângulo projetado na parte superior para efetuar o bloqueio entre as etapas.
4. No procedimento acima descrito, são produzidos vários degraus de acordo com os requisitos e, uma vez fabricados, são montados através do bloqueio da projeção no degrau inferior e na parte frontal do degrau superior.
5. Para que possam estar em movimento e ser bloqueados, são acoplados de forma a poderem deslocar-se cerca de 400 mm (PÉS) no espaço e também podem atuar como uma peça.

Tabela 4.1 Parâmetros e dimensões

S.N.	Parâmetro	Valor
1.	Comprimento	2200 mm
2.	Largura	600 mm
3.	Número de passos	3
4.	Altura do degrau A	300 mm
5.	Altura do degrau B	600 mm
6.	Altura do degrau C	900 mm
7.	Espaço para os pés em cada degrau	400 mm

As dimensões acima referidas são consideradas com base no espaço médio para os pés de um ser humano e também tendo em conta a tolerância em cada dimensão, de modo a que a pessoa que entra nas escadas esteja segura e confortável. O espaço para os pés em cada degrau é de 300 mm, ou seja, 30 cm, o que é consideravelmente maior do que o tamanho médio dos pés de uma pessoa.

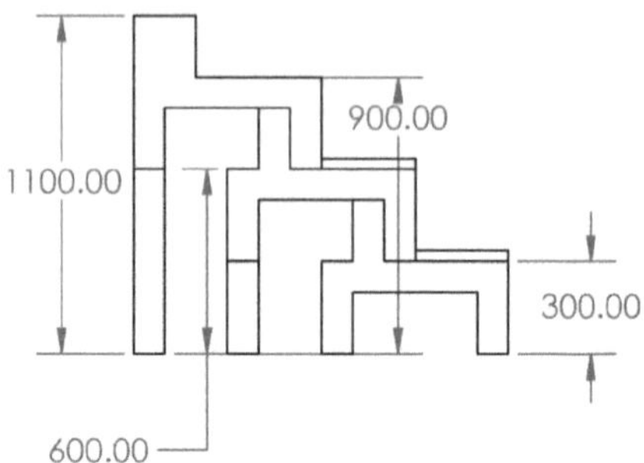

Fig:4.1 Dimensões 2D

Fig:4.2 Dimensões 2D

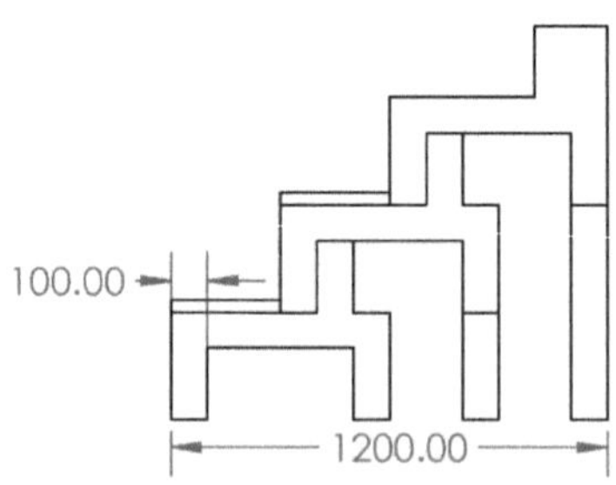

Fig:4.3 Dimensões 2D

Todas as dimensões em 'mm'

4.1.1 Conceção da etapa A

1. No nosso modelo, a escada dobrável é representada por três degraus.
2. Na primeira etapa A, são gerados rectângulos com as dimensões (L-2200mm, B-600mm) e, em seguida, o retângulo é extrudido com uma altura de 300mm.
3. Como o degrau A está abaixo do degrau com menor altura, o mecanismo de bloqueio do degrau A também é extrudido com o comprimento da sua altura.
4. um apoio para os pés com 400 mm de largura estaria disponível quando a escada rebatível estivesse recolhida.

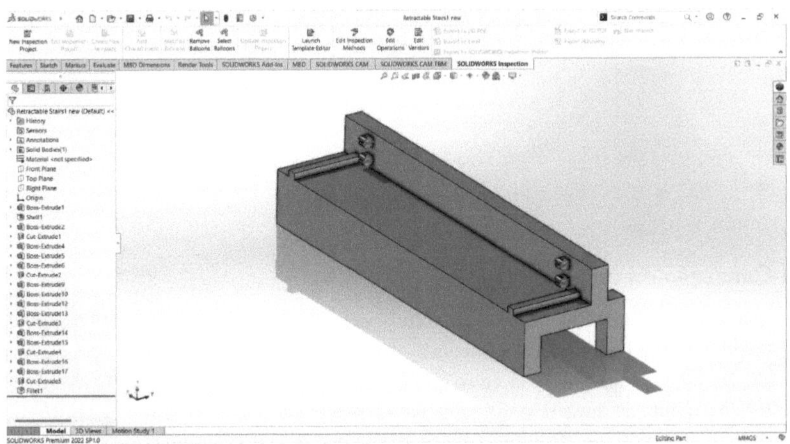

Fig:4.4 Degrau A da escada

4.1.2 Conceção da etapa B

1. A segunda etapa ou a que está no meio, representada como Etapa B, é concebida com o retângulo com o mesmo comprimento e largura
2. A altura de extrusão do degrau também é considerada igual à do degrau A. Mas o degrau B tem um mecanismo de bloqueio de dimensões diferentes das do degrau A
3. O mecanismo de bloqueio é extrudido com uma altura de 600 mm, o que corresponde ao dobro da altura de extrusão do degrau A.
4. Os 300 mm adicionais de altura extrudida para o mecanismo de fecho são separados da altura do degrau, que totaliza 600 mm.
5. Este mecanismo de bloqueio extrudido em altura de 600 mm ajuda a interligar o Step A com a regulação do apoio para os pés a 400 mm.
6. A conceção do degrau B consiste geralmente em dar um passo consecutivo ao degrau A numa escada.

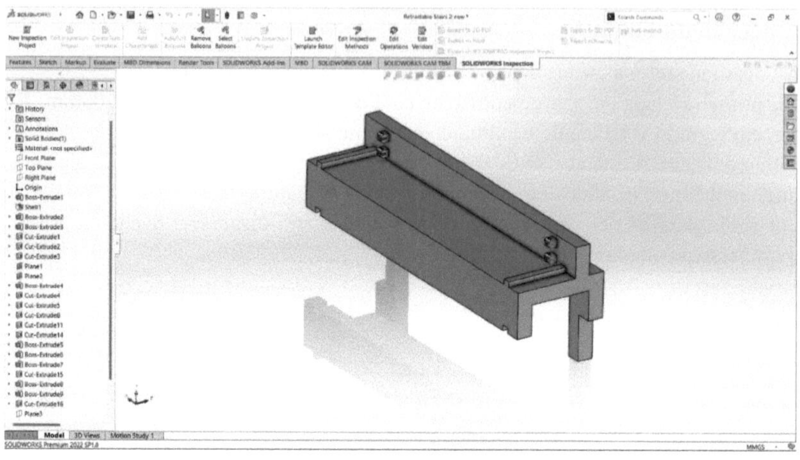

Fig:4.5 Degrau B da escada

4.1.3 Conceção da etapa C

1. Na conceção, o degrau superior da escada, denominado degrau C, é desenvolvido com o mesmo comprimento e largura do retângulo.
2. À semelhança da conceção entre o degrau A e o degrau B, o degrau C tem também uma altura extrudida de dimensão diferente para o mecanismo de bloqueio.
3. Um total de 900 mm de altura do mecanismo de bloqueio é introduzido no degrau para bloquear o degrau A e o degrau B. Os 600 mm adicionais de altura extrudida, para além dos 300 mm de altura do próprio degrau, impedem que o mecanismo se retraia mais.
4. Isto dá um espaço para os pés de 400 mm, para o degrau C, que pode ser utilizado.

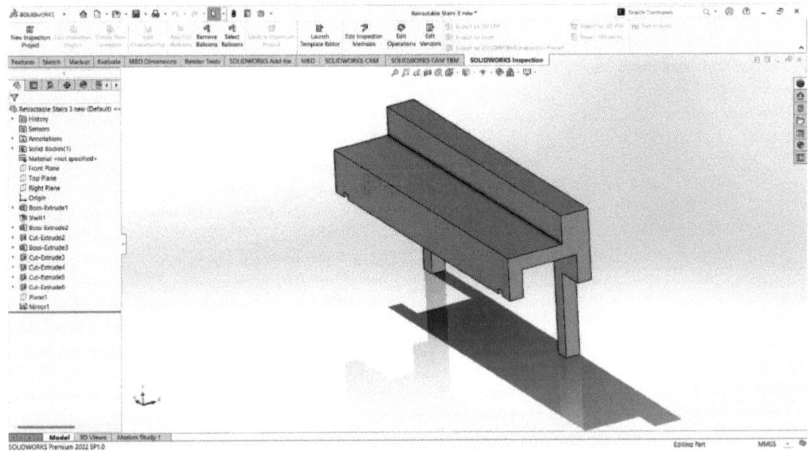

Fig:4.6 Degrau C da escada

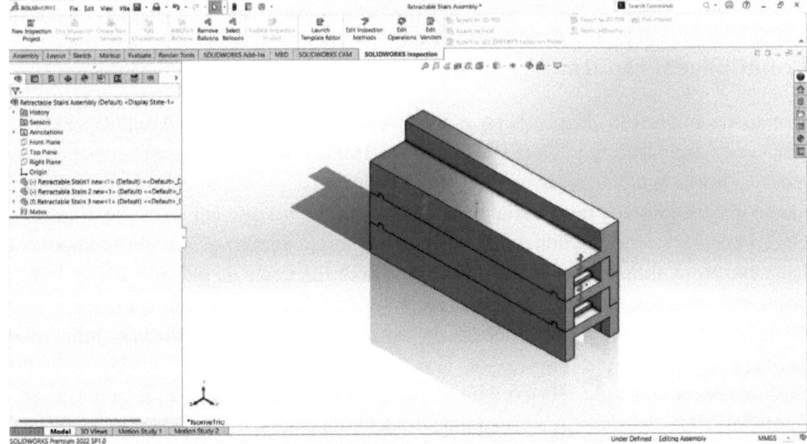

Fig:4.7 Escadas antes da retração

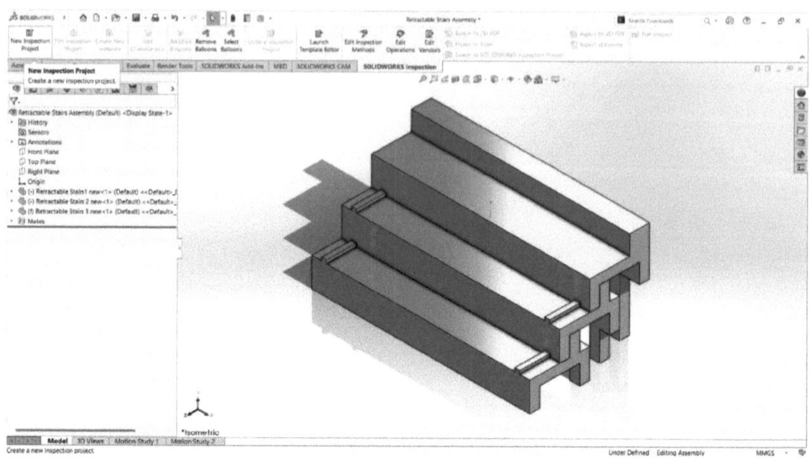

Fig:4.8 Escadas após retração

4.2 Prototipagem rápida

O processo de impressão do protótipo é a Modelação por Deposição Fundida (FDM). A modelação por deposição fundida (FDM), uma das técnicas de impressão 3D mais populares utilizadas a nível mundial, é o método utilizado para a produção aditiva do protótipo. Utilizando um fio contínuo de material termoplástico ou compósito em forma de filamento, a modelação por deposição fundida é uma técnica de fabrico aditivo que produz componentes 3D. Uma extrusora alimenta um bocal de extrusão com filamento de plástico, que o derrete e o deposita em camadas, camada a camada, ao longo de um trajeto programado especificado, na plataforma de construção. O processo de extrusão de material conhecido como FDM, normalmente designado por Fabrico de Filamento Fundido (FFF), é um dos sete tipos principais de tecnologias de fabrico aditivo. As extrusoras de modelo e de suporte são os nomes oficiais das extrusoras. A extrusora de modelo imprime o material para o desenho 3D, como o nome sugere, enquanto a extrusora de suporte fabrica os suportes. Podem ser feitos do mesmo material ou de outro material completamente diferente. As impressoras para amadores têm uma única extrusora e imprimem o modelo e o suporte utilizando o mesmo material.

O processo de impressão do protótipo demorou 26 horas e 3 minutos no total. O ácido poliláctico, ou PLA, é a substância utilizada para a impressão. Os suportes do modelo podem ser retirados com facilidade. O nome da impressora 3D utilizada para a criação do protótipo é Prusa i3 Mk3.

Fig:4.9 Impressora 3D Prusa i3 Mk3

O polímero termoplástico denominado PLA é biodegradável. É normalmente utilizado na produção de peças grandes (em termos de dimensões). Devido à sua produção económica a partir de recursos renováveis, é um dos materiais mais utilizados. A sua capacidade de ser utilizado para protótipos, fabrico de moldes e peças de ferramentas torna-o um plástico flexível. Se o PLA for exposto à luz solar, fotodegrada-se devido à radiação UV e não suporta temperaturas muito elevadas.

4.2.1 Reparação

Um objeto impresso em 3D que tenha sido danificado ou apresente falhas pode ser reparado ou restaurado utilizando a impressão 3D. Este procedimento é conhecido como reparação. Os métodos de reparação podem ser utilizados para corrigir falhas num produto impresso, tais como fracturas, lacunas, peças em falta ou anomalias na superfície, e devolver ao objeto a sua forma original. O software utilizado para a operação de corte é o Autodesk Netfabb premium 2023.

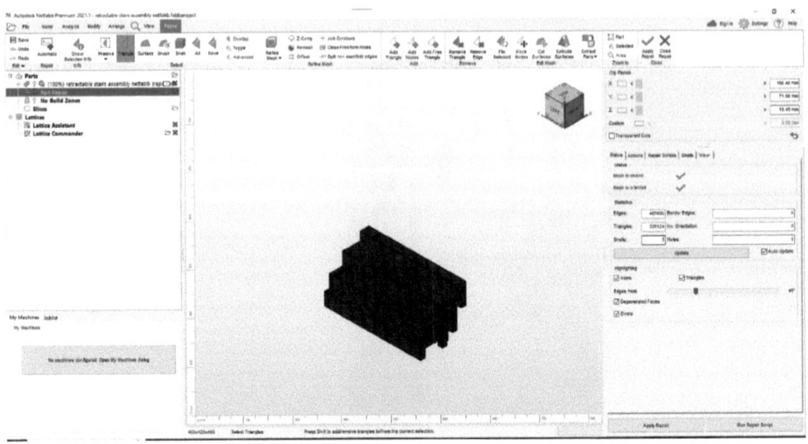

Fig:4.10 Reparação com Netfabb premium

4.2.2 Corte em fatias

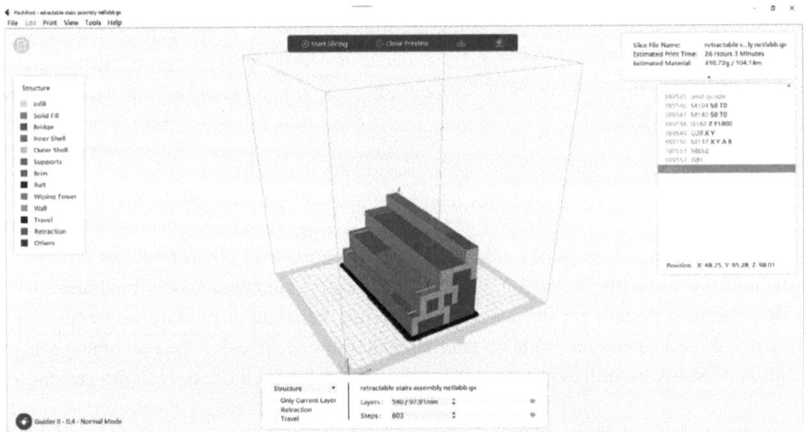

Fig: 4.11 Processo de corte com Flashprint

O corte é um passo crucial na impressão 3D que envolve a decomposição de um modelo tridimensional num número de camadas bidimensionais. Cada camada serve como uma secção transversal do objeto acabado, e estas camadas são impressas umas sobre as outras para produzir todo o objeto tridimensional.

Normalmente, são utilizados slicers - software especializado utilizado para o processo de corte. O slicer cria as instruções para a impressora 3D a partir do ficheiro do modelo 3D de entrada (em formatos como.STL ou.OBJ). Estas instruções especificam variáveis como a altura da camada, a velocidade de impressão, a densidade de enchimento, as estruturas de suporte, entre outras. O software utilizado para a operação de corte é o Flashprint.

4.3 Soldadura

Uma técnica de fabrico designada por soldadura consiste em unir permanentemente duas ou mais peças metálicas. Em muitas indústrias diferentes, incluindo a indústria transformadora, a construção, a indústria automóvel e a aeroespacial, é uma abordagem comummente utilizada.

No protótipo, primeiro as escadas são soldadas, o que implica várias etapas intermédias, como o corte à medida, a perfuração das ranhuras necessárias e a limpeza das superfícies antes de soldar as peças. O protótipo envolve várias etapas intermédias, como o corte à medida, a perfuração das ranhuras necessárias e a limpeza das superfícies antes de soldar as peças, começando pela soldadura das escadas. Colocar as peças no local onde vão ser soldadas, certificando-se de que estão niveladas e corretamente alinhadas. As peças são soldadas por pontos para garantir a sua estabilidade. O alinhamento é testado antes de se iniciar a soldadura completa. Depois disso, a soldadura por arco é utilizada para unir as peças. Para garantir que não apresentam defeitos e que podem cumprir os requisitos adequados, as soldaduras são verificadas e inspeccionadas quanto à qualidade. A escória é eliminada com uma escova de arame ou outros instrumentos de limpeza. Os acabamentos adequados são efectuados no final do processo de soldadura.

Fig:4.12 Protótipo soldado

4.4 Procedimento de trabalho

A aplicação geral das escadas dobráveis utiliza ligações do tipo tesoura, mas no modelo acima as escadas são concebidas utilizando um mecanismo retrátil que faz parte de um sistema mais vasto denominado sistema de assentos telescópicos. A conceção baseia-se no bloqueio inicial entre as escadas e nas diferenças dimensionais, de modo a que, quando as escadas são arrastadas ou puxadas para o exterior, cada degrau tem uma projeção para baixo que bloqueia ou obstrui a projeção para cima do degrau abaixo dele. Para impedir o movimento na direção horizontal, existe uma obstrução sob a forma de extrusão ao longo da qual o degrau superior se desloca linearmente. Para facilitar o movimento, é criada uma ranhura no degrau acima, de modo a que este se encaixe corretamente no percurso extrudido. A mesma extrusão e a ranhura são fornecidas em cada degrau seguinte. Este é o primeiro nível de bloqueio e, passando ao segundo nível de bloqueio, o princípio utilizado é o eletromagnetismo para bloquear as escadas. Assim, uma vez que as escadas são puxadas para fora em cada junção, um dos degraus é enrolado com fios ou ligado a um eletroíman de modo a que, uma vez arrastadas para fora, seja fornecida eletricidade à instalação com base no cálculo efectuado a seguir. Uma vez que o corpo considerado é metálico com propriedades magnéticas, quando a corrente começa a fluir, o corpo começa a comportar-se como um íman, de modo que ocorre um bloqueio entre as projecções. Aqui, com base no peso que actua sobre as escadas, a corrente pode ser variada. Uma vez terminada a utilização das escadas, a alimentação eléctrica é desligada e, em seguida, as escadas podem ser dobradas de volta à sua posição original, de modo a que se possa utilizar menos espaço.

Fig:4.13 Vista isométrica do modelo impresso em 3D

Um dos outros aspectos do design é que os suportes gerados são de tal forma que, quando são dobrados de volta para a posição inicial, os suportes a partir do primeiro degrau do chão até ao último degrau que está na altura máxima do chão são concebidos de tal forma que se organizam em ordem crescente de altura e e os suportes quando vistos do lado de trás dão uma visão de postes empilhados de forma horizontal. Isto também pode ser executado de outra forma possível, em que todos os apoios entram no apoio do degrau acima devido ao seu tamanho maior do que o anterior. Mas há alguns desafios a enfrentar em cenários de força e de mecanismos complexos. Assim, para as concepções de utilização simples, o conceito de apoios acima descrito serve decentemente bem o objetivo.

Fig:4.14 Vista lateral antes do bloqueio Fig:4.15 Vista lateral após o bloqueio

Fig:4.**16** Antes da retração do modelo impresso em 3D

Fig:4.17 Modelo impresso em 3D recolhido

Fig:4.18 vista de um passo individual

4.5 Cálculos de conceção

Calcular a quantidade de tensão e de corrente necessárias para o bloqueio eletromagnético de uma junta.

A força levitacional magnética/área é dada por,

$$\frac{F}{A} = \frac{B^2}{2\mu_0}$$

Onde,

B= densidade do fluxo magnético em Wb/m^2 (ou) T

F= força exercida pela pessoa no degrau, em N

A= área da secção transversal em m ^{2}

μ_0 = permeabilidade absoluta= $4\pi \times 10^{-7}$ H/m

μ_r = permeabilidade relativa= 2000

e $B=\mu H$

$B=\mu_0\ \mu_r\ H\ (\mu=\mu_0\ \mu\ )_r$

Em que, $H=\frac{Ni}{l}$

H= intensidade do campo magnético em A/m

N= n.º de voltas em m

i= corrente em A

l= comprimento da bobina em m

Supondo que duas pessoas com um peso médio de 70 kg sobem as escadas de cada vez.

$$\frac{F}{A} = \frac{B^2}{2\mu_0}$$

$$\frac{F}{A} = \frac{\mu_0 \mu_r^2 N^2 i^2}{l^2 \times 2}$$

$$\frac{140 \times 9.81}{1.5 \times 0.6} = \frac{4\pi \times 10^{-7} \times 2000^2 \times (Ni)^2}{2 \times 2^2}$$

$$1526 = 0.6283 \times (Ni)^2$$

$$(Ni)^2 = \frac{1526}{0.6283}$$

$$(Ni)^2 = 2428.77$$

$$(Ni) = 49.28$$

Considerando um fio condutor de corrente com i= 0,5A

$$N = 49.28 \times 2$$

$$N \approx 100\ turns$$

$$R = \rho \frac{l}{A}$$

Onde, R= resistência em Ω

ρ= resistividade em Ωm

l= comprimento do fio de cobre em m

A = área, com base em SWG (Standard Wire Gauge- classificações de corrente)= 0,1642×10^{-6} m^2

$$R = 1.7 \times 10^{-8} \times \frac{0.6 \times 100}{0.1642 \times 10^{-6}}$$

$$R = 6.211\ \Omega$$

Em que o comprimento (l) = fio enrolado numa única volta × número de voltas (N)

E de acordo com a lei de Ohm,

$$V = i \times R$$

Considerando um fio que transporta corrente, $i = 0.5A$

$$V = 0.5 \times 6.211$$

$$V = 3.10\ V$$

Para atingir esta tensão, a alimentação pode ser ligada a uma resistência em série com uma fonte de alta tensão, de modo a que a tensão necessária possa ser atingida.

CAPÍTULO - 5
RESULTADOS E DISCUSSÕES

5.1 Bloqueio mecânico

As escadas dobráveis têm um mecanismo de bloqueio mecânico que pode restringir o movimento das escadas. A superfície da escada tem uma pequena extrusão de 400 mm de comprimento, 50 mm de largura e 35 mm de altura, com a forma de um cuboide. Estas dimensões são comuns a todos os degraus projectados. Tem duas pequenas saliências em forma de triângulo na superfície superior e inferior da extrusão. O triângulo tem o lado mais inclinado virado para o degrau de origem. A extrusão tem um espaço deixado entre elas para garantir o bloqueio suave do mecanismo. E o outro degrau tem uma ranhura com a mesma forma, mas com um espaço extra de 1 mm em cada superfície.

Durante o bloqueio, a saliência triangular desliza para a ranhura na superfície do degrau e fixa-se nela. O espaço entre a extrusão ajuda a facilitar o movimento da saliência para dentro da ranhura. E o resto da extrusão encaixa no lugar, assegurando o bloqueio. Ao desfazer o mecanismo de bloqueio, o utilizador tem de utilizar uma pequena quantidade de força para retirar a extrusão do degrau da ranhura do outro degrau. A saliência triangular desliza facilmente para fora deslizando sobre a sua superfície inclinada. Segurando o degrau com uma mão e o outro degrau com a outra, puxando em direcções diferentes.

No geral, o mecanismo de bloqueio das escadas ajuda a limitar o movimento dos degraus após a retração, com um design simples mas eficaz.

Fig:4.19 Vista lateral antes do bloqueio Fig:4.20 Vista lateral após o bloqueio

5.2 Bloqueio eletromagnético

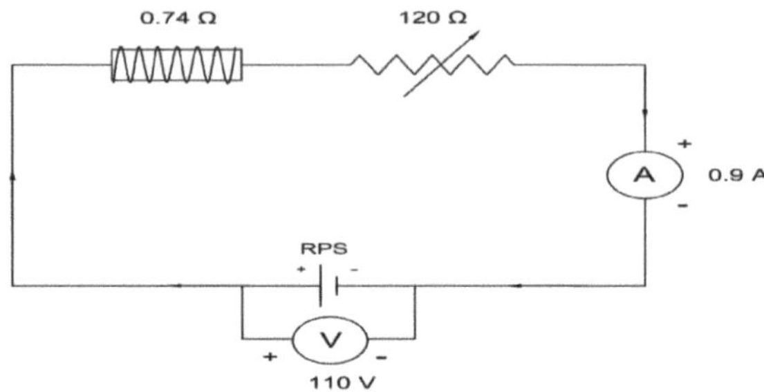

Fig:4.21 Circuito

Para a implementação do Eletromagnetismo, foi realizada a experiência em que a barra metálica enrolada em cobre foi ligada à fonte de alimentação regulada (RPS) e também ligada a um circuito constituído por um amperímetro, um voltímetro e um reóstato. Como se pode ver no diagrama do circuito, o reóstato está ligado diretamente à barra metálica, bem como ao amperímetro que está ligado ao RPS, que está em paralelo com o voltímetro. O terminal positivo da fonte de alimentação está ligado à barra metálica. Durante a experimentação, a tensão e a corrente foram variadas ao longo de uma gama e observou-se a força electromagnética. Esta também depende do número de voltas que são enroladas e também da proximidade com que são enroladas na peça. Ao aumentar a tensão, observou-se que a corrente também variava, o que tem uma relação diretamente proporcional com a força electromagnética experimentada. Aqui, utilizando o reóstato, a resistência é variada de tal forma que, com uma resistência baixa, pode experimentar uma força elevada, uma vez que a corrente aumenta com a diminuição da resistência. Após uma variação contínua, chegou-se a um estado em que o bloqueio experimentado era muito elevado e estes valores foram registados considerando também a resistência mantida constante.

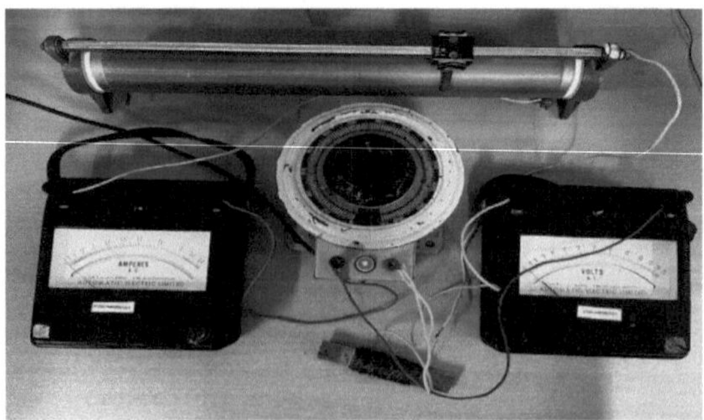

Fig:4.22 Experimentação

Fig:4.23 Degrau soldado com fio enrolado

CAPÍTULO 6
CONCLUSÕES E ÂMBITO FUTURO

6.1 Conclusões

A conceção do mecanismo da escada dobrável é implementada em ambos os mecanismos de bloqueio, mecânico e eletromagnético.

- Utilizando o software de desenho solidworks, são modelados e montados modelos 3D de vários degraus de escadas e do seu mecanismo de bloqueio.
- Foram efectuados cálculos de potência eléctrica para os modelos concebidos.
- A tensão de alimentação necessária para a aplicação do eletromagnetismo é de 3,10 V (para um fio condutor de corrente (i = 0,5 A, com N = 100 voltas)).
- É efectuada a operação de soldadura do modelo concebido.
- O modelo é fabricado utilizando a impressão 3D e montado, o que mostra a implementação do bloqueio mecânico.
- O bloqueio eletromagnético é executado.
- Com base na experiência, pode concluir-se que a força do bloqueio eletromagnético varia com a variação da corrente e do número de voltas da bobina.

6.2 Âmbito futuro

- Alargar a conceção do mecanismo de escada dobrável a uma aplicação avançada como o sistema de assento telescópico.
- Implementação de mecanismos dobráveis com eletromagnetismo em outras aplicações e domínios.

REFERÊNCIAS

[1] Mehta, H., Patel, T., Patel, V., Amin, S., & Gandhi, D. (2020). Projeto e fabricação de escadas automáticas dobráveis. *Revista Internacional de Pesquisa em Engenharia e Tecnologia (IRJET)*, *7*(05).

[2] Zhao, J. S., Wang, J. Y., Chu, F., Feng, Z. J., & Dai, J. S. (2011). Síntese de estrutura e análise estática de uma escada dobrável. Mechanism and Machine Theory, 46(7), 998-1015.

[3] Mulla, N., & Mukhandmath, S. (2019, dezembro). Análise dinâmica do corpo rígido em escadas dobráveis destinadas ao sistema de evacuação em ônibus durante a emergência usando ANSYS. Nos Anais da Conferência AIP (Vol. 2200, No. 1, p. 020089). AIP Publishing LLC.

[4] Cai, J., Xu, Y., & Feng, J. (2013). Análise cinemática das ligações de Hoberman com a teoria dos parafusos. Mechanism and Machine Theory, 63, 28-34.

[5] Gujrathi, M. T., Dhongade, M., Sonawane, M., Aher, G., & Gorde, G. A PAPER ON DESIGN & DEVELOPMENT OF TRAIN STAIRCASE MECHANISM FOR FACILITY OF PASSENGERS TO ACHIEVE LOW LEVEL PLATFORM.

[6] Gawhade, K., Raj, P., & Ramkumar, P. L. (2021). Projeto para escada retrátil para ônibus. Em Avanços recentes em infraestrutura mecânica: Anais do ICRAM 2020 (pp. 399-409). Springer Singapura.

[7] Ding, X., & Li, X. (2015). Conceção de um tipo de mecanismo destacável/retrátil que utiliza unidades de junção autoblocantes por fricção. Mechanism and Machine Theory, 92, 273-288.

[8] Xu, K., Li, L., Bai, S., Yang, Q., & Ding, X. (2017). Projeto e análise de uma célula de mecanismo metamórfico para mecanismo implantável / retrátil ordenado de vários estágios. Mechanism and Machine Theory, 111, 85-98.

[9] Lu, S., Zlatanov, D., Zoppi, M., & Ding, X. (2018). Construção generalizada de ligações de dobragem de pacotes. Avanços na cinemática do robô 2016, 71-79.

[10] Smaili, A., & Motro, R. (2007). Sistemas de tensegridade curvos dobráveis/não dobráveis por ativação de mecanismo finito. Journal of the International Association for Shell and Spatial Structures, 48(3), 153-160.

[11] Zhao, J. S., Wang, J. Y., Chu, F., Feng, Z. J., & Dai, J. S. (2012). Síntese do mecanismo de uma escada dobrável.

[12] Rajashekhar, V. S., Thiruppathi, K., & Senthil, R. (2014). Modelação, simulação e controlo de um mecanismo de escada dobrável com uma técnica de atuação linear. Procedia Engineering, 97, 1312-1321.

[13] Ingle, S., Gupta, A., Chauhan, R., & Naik, K. (2019). Projeto e fabricação de escada mecanizada.

[14] Langbecker, T. (2001). Análise cinemática e não linear de estruturas de tesoura dobráveis.

[15] Ishii, K. (2000). *Projeto estrutural de estruturas de cobertura retrácteis* (Vol. 5). Wit Pr/Mecânica Computacional.

[16] Langbecker, T. (1999). Kinematic analysis of deployable scissor structure s. *International Journal of Space Structures*, *14*(1), 1-15.

[17] Van Mele, T. (2008). Coberturas de membrana retrátil com articulação em tesoura. *Vrije Universiteit Brussel.*

[18] Dai, J. S., & Rees Jones, J. (1999). Mobilidade em mecanismos metamórficos de tipos dobráveis/erectíveis.

[19] Kaveh, A., & Davaran, A. (1996). Análise de estruturas dobráveis em pantógrafo. *Computadores e estruturas*, *59*(1), 131-140.

[20] Chen, Y., You, Z., & Tarnai, T. (2005). Ligações de Bricard triplamente simétricas para estruturas destacáveis. *Revista internacional de sólidos e estruturas*, *42*(8), 2287-2301.

[21] You, Z., & Pellegrino, S. (1997). Estruturas de barras dobráveis. *International Journal of Solids and Structures*, *34*(15), 1825-1847.

[22] Langbecker, T., & Albermani, F. (2000). Estruturas dobráveis de curvatura positiva e negativa: Conceção Geométrica e Resposta Estrutural. *Journal of the International Association for Shell and Spatial Structures*, *41*(3), 147-161.

[23] Hanaor, A., & Levy, R. (2001). Avaliação de estruturas amovíveis para recintos espaciais. *International Journal of Space Structures*, *16*(4), 211-229.

[24] Lee, B. T. (1999). *U.S. Patent No. 5,941,342*. Washington, DC: U.S. Patent and Trademark Office.

[25] Maputi, E. S. (2014). Projeto concetual de uma rampa de saída de emergência para autocarros.

[26] Wilburt, Y., Paul, M., Babu Rao, G., & Abraham, G. (2016). Projeto conceitual e análise de escadas elevatórias fáceis para passageiros idosos e com deficiência física. *Int. J. Sci. Eng. Res*, *7*(4).

[27] Nagaraj, B. P., Pandiyan, R., & Ghosal, A. (2009). Cinemática de mastros de pantógrafo. *Mechanism and Machine Theory*, *44*(4), 822-834.

[28] Agrawal, S. K., Kumar, S., Yim, M., & Suh, J. W. (2001, maio). Estruturas expansivas poliédricas de grau de liberdade único. Em *Proceedings 2001 ICRA. Conferência Internacional do IEEE sobre Robótica e Automação (Cat. No. 01CH37164)* (Vol. 4, pp. 3338-3343). IEEE.

[29] Nagaraj, B. P., Pandiyan, R., & Ghosal, A. (2010). A constraint Jacobian based approach for static analysis of pantograph masts. *Computers & structures*, *88*(1-2), 95-104.

[30] Tur, J. M. M., & Juan, S. H. (2009). Estruturas de tensogridade: Revisão da análise dinâmica e problemas em aberto. *Teoria de Mecanismos e Máquinas*, *44*(1), 1-18.

[31] Balli, S. S., & Chand, S. (2002). Geradores de movimento e trajetória de cinco barras com topologia variável para movimentos entre posições extremas. *Mechanism and machine theory*, *37*(11), 1435-1445.

[32] Duanling, L. I., Zhonghai, Z. H. A. N. G., Jiansheng, D. A. I., & Ketao, Z. H. A. N. G. (2010). Visão geral e perspectivas do mecanismo metamórfico. *Jornal de Engenharia Mecânica*, *46*(13), 14-2

[33] Yan, H. S., & Kuo, C. H. (2006). Representações topológicas e caraterísticas de juntas cinemáticas variáveis.

[34] Ding, X., & Li, X. (2015). Conceção de um tipo de mecanismo destacável/retrátil que utiliza unidades de junção autoblocantes por fricção. *Mechanism and Machine Theory*, *92*, 273-288.

[35] Sharma, M., Parashar, D., & Kumar, E. A. (2018). Estudo comparativo de escada com várias condições de suporte usando Staad. Pro.

[36] Zhao, J. S., Wang, J. Y., Chu, F., Feng, Z. J., & Dai, J. S. (2012). Síntese do mecanismo de uma escada dobrável.

[37] Mohapatra, A., & Anand, A. (2014). Modelagem e teste de porta deslizante pneumática automática usando sensores e controladores. *Int. Jornal de Publicações Científicas e de Investigação*, *4*(10), 1-7.

[38] Maniraj, P., & Murugan, R. S. Desenvolvimento para facilitar a acessibilidade aos comboios a partir de plataformas de baixo nível.

[39] Liu, J., Wu, Y., Guo, J., & Chen, Q. (2016). Controle síncrono baseado em modo deslizante de alta ordem de um novo robô de cadeira de rodas para subir escadas. *Journal of Control Science and Engineering*, *2015*, 46-46.

[40] Escadas retrácteis Archiproducts https://www.archiproducts.com/en/products/retractable-stairs

[41] Escadas para sótãos - https://www.atticladders.com.au/

Printed by Books on Demand GmbH, Norderstedt / Germany